R. RICHARD

TABLEAUX

D'ANALYSE DES SELS

TABLEAUX D'ANALYSE

TABLEAUX
D'ANALYSE DES SELS

PAR

E. RICHARD

Professeur Suppléant a l'École de Médecine et de Pharmacie de Rouen

———— ✳ ————

ROUEN

LIBRAIRIE LESTRINGANT

11, Rue Jeanne d'Arc

—

1905

Tous Droits Réservés

INTRODUCTION

La matière de ces tableaux d'analyse a été empruntée en grande partie aux tableaux de MM. les professeurs Jungfleisch et Villiers ; les modifications que nous y avons apportées consistent surtout dans l'ordre de la recherche de certains éléments et dans la substitution de la méthode directe à la méthode dichotomique toutes les fois que nous l'avons trouvé avantageux.

C'est ainsi que nous avons intercalé, après les trois premiers tableaux, un tableau comprenant la recherche directe de quelques acides et de quelques métaux. La liqueur débarrassée des métaux lourds se prête facilement à la recherche de l'acide cyanhydrique qui ne se sépare pas du reste en présence du mercure ; on peut y déterminer également PO^5H^3, $C^2O^4H^2$, SO^4H^2 et SiO^3H^2 dont il importe de connaître dès maintenant l'existence ou l'absence ; la recherche de AzH^4 n'a point de raison d'être placée au tableau des alcalins, puisqu'elle se fait toujours directement ; il en est de même pour Mn et Fe.

Nous avons cru devoir placer Ba et Sr dans un tableau à part et les séparer du calcium ; la précipitation du baryum permet la recherche directe de l'acide borique.

Un troisième tableau intercalaire comprend l'épuration de la liqueur avant la recherche des autres métaux, afin d'en éliminer les acides dont la présence est gênante ; les autres tableaux ne présentent rien de particulier.

Indépendamment de la division générale du travail en cinq séries bien tranchées, des observations concernant, pour chaque série, la marche à suivre selon que le produit à analyser est solide ou dissous, et d'un tableau spécial comprenant l'étude du résidu insoluble dans l'eau régale, nous avons indiqué quelques réactions particulières caractérisant en dernier lieu certains éléments.

La méthode de nos tableaux est celle que nous avons appliquée aux travaux pratiques de chimie à l'École de Médecine et de Pharmacie de Rouen ; elle nous a donné de bons résultats, et nous avons acquis la preuve qu'entre les mains d'élèves même peu expérimentés, elle pouvait rendre quelques services ; c'est la raison qui nous a déterminé à la publier.

E. R.

CHAPITRE I

Observations générales

L'analyse qualitative des sels par voie humide consiste à déterminer par des réactions appropriées la nature des métaux et des acides qui se trouvent dans un produit donné, sans toutefois indiquer la façon dont ces métaux et ces acides peuvent être combinés entre eux.

Elle comprend, dans le cas le plus général, cinq séries successives d'opérations qui sont exposées dans cinq séries de tableaux.

La *première série* comprend la recherche de tous les métaux et d'un certain nombre d'acides ; la *seconde* comprend la recherche des acides volatils et de quelques autres ; la *troisième* s'occupe des acides formés par les halogènes ; la *quatrième* comprend la recherche des acides formés par les métaux et leurs analogues, enfin la *cinquième* comprend l'analyse des produits insolubles dans les dissolvants.

La *première série*, la plus importante par le nombre des éléments dont elle comporte la recherche, est divisée en un certain nombre de tableaux, les autres ne comprennent chacune qu'un tableau.

Les opérations de chaque série commencent par une prise d'essai du produit à analyser sur laquelle s'effectueront tous les travaux de la même série.

Il y a en outre, pour chaque série, deux cas à examiner : 1° *le cas où la matière à analyser est dissoute* ; 2° *le cas où elle est solide* ; la marche à suivre dans chacun des deux cas est indiquée au début du chapitre concernant chacune des séries.

CHAPITRE II

Réactifs

Acides

Acide sulfurique concentré.
Acide sulfurique au 1/10me.
Acide chlorhydrique.
Acide azotique.
Eau régale $\begin{cases} HCl & \text{3 parties.} \\ AzO^3H\ 1 & \text{» »} \end{cases}$
Acide sulfhydrique gazeux.
Acide hydrofluosilicique.
Acide acétique.
Acide picrique.

Sels ammoniacaux

Ammoniaque.
Sulfhydrate d'ammoniaque.
Chlorhydrate d'ammoniaque.
Carbonate d'ammonium.
Molybdate d'ammonium.
Oxalate d'ammonium.
Chromate d'ammonium.

Sels potassiques

Potasse.
Iodure de potassium.
Cyanure de potassium
Ferrocyanure de potassium.
Ferricyanure de potassium.
Sulfocyanate de potassium.
Bichromate de potassium.
Pyroantimoniate acide de potassium.
Chlorate de potassium.
Acétate de potassium.

Sels sodiques

Soude.
Sulfure de sodium.
Carbonate de sodium.
Phosphate de sodium.
Borate de sodium.
Acétate de sodium
Chlorure de sodium.

Sels terreux

Eau de chaux.
Chlorure de baryum.
Azotate de baryum.
Eau de baryte.

Sels métalliques

Chlorure ferrique.
Sulfate ferreux.
Chlorure stanneux.
Acétate de plomb.
Sulfate de cuivre.
Azotate d'argent.
Bioxyde de manganèse pulvérisé.
Azotate de bismuth.

Dissolvants et Réactifs divers

Eau de chlore.
Eau iodée.
Eau amidonnée.
Teinture de tournesol.
Violet d'aniline.
Réactif de Villiers.
Réactif H.P.B.
Alcool.
Sulfure de carbone.
Papiers réactifs

Formules

Les corps solides seront dissous dans l'eau distillée dans la proportion d'une partie pour 9 parties d'eau, ceux qui sont peu solubles seront employés en solution saturée.

Un certain nombre de corps ne se conservant pas bien à l'état de dissolution, on ne devra opérer cette dissolution qu'au moment du besoin, c'est le cas *du ferricyanure de potassium, du pyroantimoniate de potassium, du sulfate ferreux.*

Le borate de sodium, le bioxyde de manganèse, le chlorate de potassium, l'azotate de bismuth, doivent être conservés à l'état solide.

Molybdate d'ammonium	**Réactif de Villiers**	**Réactif H.P.B.**
Molybdate d'AzH⁴ crist.... 60	Orthotoluidine............ 0,50	Homopyrocatéchine....... 2
Eau tiède............... 200	Aniline................ 2,50	Acide borique........... 5
Acide azotique D = 1,2 .. 720	Acide acétique crist.... 30	Eau distillée............ 100
	Eau distillée.......... 120	

Papiers réactifs. — Ils se préparent simplement en plongeant, au moment du besoin, une feuille de papier à filtrer dans le réactif déterminé.

Ces divers réactifs doivent être nécessairement purs, l'on vérifiera leur pureté au moment de leur préparation par les méthodes ordinaires.

Ils seront placés dans des flacons de dimensions variables, selon leur usage plus ou moins fréquent, et disposés autant que possible d'après l'ordre de leur emploi.

Recommandations concernant l'emploi des réactifs. — Avoir soin de ne jamais employer, sauf dans les cas indiqués, de trop grands excès de réactif.

Remarquer qu'il est des cas où le réactif doit être versé dans la liqueur à analyser ; d'autres, au contraire, où c'est cette liqueur qui doit être ajoutée au réactif.

Ne jamais se préoccuper, quand on cherche à produire une réaction en vue de déterminer un élément donné, des réactions secondaires pouvant renseigner plus ou moins approximativement sur la nature d'un autre élément.

CHAPITRE III

1re Série

1er Cas. — *Le produit est dissous.* — Placer dans un tube une petite quantité de violet d'aniline et l'additionner de quelques gouttes de la dissolution ; si le mélange devient vert, ce qui indique la présence d'un acide minéral libre, la solution est bonne pour l'analyse et constitue alors la liqueur I sur laquelle on commence les opérations de la 1re série ; si le mélange de violet d'aniline et de la dissolution à analyser ne change pas de couleur ou ne devient que bleu, faire une prise d'essai de cette dissolution et l'additionner d'acide azotique en léger excès jusqu'à ce que quelques gouttes verdissent le violet d'aniline ; cette prise d'essai ainsi acidulée constituera de même la liqueur I.

2e Cas. — *Le produit est solide.* — Il faut chercher à le dissoudre pour retomber dans le cas précédent. On prendra une petite quantité du produit que l'on traitera d'abord par l'eau froide et bouillante, puis si besoin est par l'acide chlorhydrique étendu et concentré, par l'acide azotique, enfin par l'eau régale ; lorsqu'on aura trouvé ainsi le dissolvant le plus simple, on opèrera la dissolution d'une prise d'essai plus considérable et on l'étendra d'eau, si besoin est, de façon que sa réaction ne soit point *trop fortement acide*, sans toutefois aller jusqu'à la formation d'un précipité.

Si l'on obtient, en fin de compte, un résidu insoluble, même dans l'eau régale, on le mettra de côté et on le traitera comme il est dit au tableau de la série 5.

Si l'addition d'acide azotique dans la solution du 1er cas produit un précipité permanent, on le séparera de la dissolution et on le traitera comme un produit solide ressortissant au 2e cas.

Le nombre d'opérations auxquelles se trouvera soumise la liqueur I étant considérable, il faut que la prise d'essai soit assez importante.

Il est inutile de s'occuper quant à présent des gaz ou vapeurs qui auraient pu se dégager pendant ces traitements préliminaires.

ANALYSE DES SELS

1re SÉRIE

Tableau N° 1. — Recherche de Pb, Ag, Hg au minimum

Liqueur 1

S'assurer qu'elle est *bien froide*, y ajouter une petite quantité de HCl, et, s'il se produit un précipité, continuer à en verser avec précaution jusqu'à ce qu'il ne s'en forme plus, de façon à laisser un léger excès d'acide chlorhydrique.

Précipité 1

Le laver sur le filtre à l'eau froide puis le traiter par l'eau bouillante et continuer les lavages à l'eau bouillante.

Solution : Liqueur 2

Solution — Y verser quelques gouttes de SO^4H^2, il se forme un *précipité blanc*. $\}$ **Plomb**

Résidu — Verser sur le filtre, de l'ammoniaque diluée.

Solution — La traiter par HCl dilué, *Précipité*. $\}$ **Argent**

Résidu, il est devenu *noir*. $\}$ **Mercure (au minimum**

Le précipité obtenu par l'action de l'acide chlorhydrique sur la *liqueur I* contient les métaux dont les chlorures sont insolubles en liqueur acide froide et dont la recherche fait l'objet des opérations du *1er tableau*. Nous désignons ce précipité global du nom de *précipité I* afin de ne pas le confondre avec les précipités partiels que nous obtiendrons en continuant l'analyse.

La liqueur séparée de ce *précipité I* et qui est purifiée des métaux du 1er tableau sera désignée du nom de *liqueur 2*, c'est sur elle que l'on opèrera pour commencer les opérations du *tableau 2*. Ce genre de désignation des précipités et des liqueurs sera appliqué de la même façon pour chaque tableau.

Le chlorure de plomb n'est pas absolument insoluble dans l'eau froide ; si ce métal ne se trouvait dans la liqueur I qu'en très petite proportion il pourrait passer inaperçu, mais on le retrouverait plus loin dans le précipité fourni par l'hydrogène sulfuré.

C'est à cause de la solubilité du chlorure de plomb dans l'eau chaude qu'il faut s'assurer que la liqueur I est bien refroidie avant d'y verser l'acide chlorhydrique.   (2)

ANALYSE DES SELS

1ʳᵉ SÉRIE

TABLEAU Nᵒ 2 A. — Recherche de As, Sb, Sn, Au

Liqueur 2

La placer dans un petit ballon, *la tiédir* légèrement et la traiter par l'hydrogène sulfuré.

Précipité 2

Le laver avec soin, le recueillir et le traiter par le sulfhydrate d'ammoniaque en chauffant légèrement.

Solution 2A

La traiter par un grand excès d'acide acétique et faire bouillir. Si le précipité qui se forme est blanc ce qui indique qu'il n'est formé que de soufre, ne pas s'en occuper et passer au tableau suivant ; s'il est coloré, le recueillir, le laver et le traiter par l'ammoniaque en excès.

Solution

Elle donne par HCl un *précipité jaune*. Ce précipité est dissous dans un peu d'acide azotique, la solution est neutralisée par l'ammoniaque et versée dans le molybdate d'ammoniaque bouillant. *Précipité jaune.* → **Arsenic**

Résidu

Le laver, le traiter par HCl et chauffer jusqu'à ce qu'il ne se dégage plus de H²S.

Solution

La traiter par Zn dans un tube.

Le gaz qui se dégage *colore en noir* le papier à l'azotate d'argent ou *précipite en noir* la solution du même sel. → **Antimoine**

Le résidu est dissous dans HCl et la solution est traitée par H²S. *précipité brun.* → **Etain**

Résidu

Le dissoudre dans l'eau régale.

La dissolution évaporée en présence de HCl est additionnée d'oxalate d'ammonium et portée à l'ébullition, il se forme surtout par l'addition d'ammoniaque une *coloration violette* ou *bleue* et un *précipité d'or réduit.* → **Or**

Précipité 2 B

Solution : Liqueur 3

Le *précipité 2* comprend les métaux dont les sulfures sont insolubles en liqueur acide, il faut bien observer que si la liqueur 2 est très acide ces précipités se formeront difficilement, il est toujours bon en diluant d'eau la liqueur 3 de la traiter de nouveau pour s'assurer qu'il ne reste pas de métal précipitable par H^2S et dont le sulfure devrait faire partie du précipité 2. *D'une façon générale si la liqueur 2 est très acide, il sera bon de l'étendre d'eau.*

Ce précipité 2 comprend un grand nombre de métaux ; pour ne pas compliquer l'exposé de la marche à suivre on a divisé son analyse en deux tableaux ; ce précipité peut contenir une partie soluble dans le sulfhydrate d'ammoniaque qui constituera la *solution 2 A*, laquelle sera étudiée dans le *tableau 2 A*, il peut contenir une partie insoluble dans ce même sulfhydrate, ce sera le *résidu* ou *précipité 2 B* qui sera étudié dans le *tableau 2 B*.

La liqueur 2 débarrassée des métaux à sulfures insolubles dans les acides constitue dès lors la liqueur 3 qui servira de point de départ aux opérations du *1er tableau intercalaire* puis du *tableau 3.*

Si *l'arsenic* est à l'état d'arséniate, sa précipitation sera longue et devra pour être complète être effectuée à chaud.

L'antimoine est caractérisé par la formation d'antimoniure d'argent noir, il est important pour cela que la liqueur chlorhydrique ne dégage plus d'hydrogène sulfuré qui donnerait avec l'azotate d'argent du sulfure d'argent, on s'en assurera avant d'ajouter le zinc, et on s'en débarrassera si besoin est par l'ébullition prolongée.

On pourra en outre vérifier la présence de l'antimoine en traitant le papier à l'azotate d'argent noirci, par l'acide chlorydrique additionné d'un peu de ClO^3K jusqu'à décoloration, filtrant et traitant la solution par H^2S, il se formera un précipité orangé de sulfure d'antimoine.

ANALYSE DES SELS

1ʳᵉ SÉRIE

Tableau Nº 2 B. — Recherche de Hg, Pt, Bi, Pb, Cu, Cd

Précipité ou Résidu 2 B

Le laver jusqu'à ce que les eaux de lavage ne contiennent plus de H Cl, le recueillir et le traiter p. AsO^4H étendu de deux volumes d'eau et bouillant sans prolonger l'ébullition.

Résidu noir

Le dissoudre dans l'eau régale et diviser la dissolution en deux parties.

Une partie additionnée de soude en excès donne un *précipité jaune.* — **Mercure au maxim.**

La seconde évaporée à siccité en présence de HCl et reprise par un peu d'eau donne avec AzH^4Cl un *précipité cristallin jaune.* — **Platine**

Solution

Y verser de l'ammoniaque en excès.

Précipité

Le redissoudre dans un peu de AsO^4H.

La liqueur *précipite* par l'addition d'eau surtout avec $Na Cl$. — **Bismuth**

La liqueur *précipite par* SO^4H^2 .... — **Plomb**

Solution

Elle est bleue, neutraliser par l'acide acétique et ajouter du ferrocyanure de K et il se forme un *précipité rouge.* — **Cuivre**

Y ajouter KCy en excès s'il y a du cuivre puis $(AzH^4)^2S$. *Précipité jaune.* — **Cadmium**

Le *tableau 2 B* comprend les métaux dont les sulfures insolubles en liqueur acide sont également insolubles dans le sulfhydrate d'ammoniaque; on les divise en deux groupes par l'action de l'acide azotique, il importe pour cela que ce précipité ne contienne pas d'HCl car il formerait avec l'acide azotique de l'eau régale qui pourrait dissoudre les *sulfures de mercure et de platine.*

La recherche du *bismuth* demande quelque précaution, car il arrive fréquemment que le précipité d'*hydrate* fourni par l'action de l'*ammoniaque* a été redissous dans un trop grand excès d'*acide azotique* : l'addition d'eau ne fournit point dans ce cas de précipité de *sel basique* et le *bismuth* peut passer inaperçu, il est toujours avantageux, avant d'ajouter l'eau, de verser quelques gouttes d'*ammoniaque* sans aller jusqu'à la formation d'un trouble de façon à neutraliser partiellement l'excès d'acide.

ANALYSE DES SELS

1ʳᵉ SÉRIE

1ᵉʳ Tableau *intercalaire*. — Recherche directe de quelques acides $CAzH$, PO^4H^3, $C^2O^4H^2$, SO^4H^2, SIO^3H^2 **et de quelques métaux** AzH^4, Mn, Fe

(Colonne de gauche, verticale : Faire bouillir le reste de liq. 3 pour chasser H²S.)

A une petite portion de liq. 3, ajouter $(AzH^4)^2S$, filtrer s'il s'est formé un précipité, chauffer la liqueur jusqu'à décoloration complète, laisser refroidir et ajouter q.q. gouttes d'un sel ferrique. *Coloration rouge.* — **Acide Cyanhydrique**

Faire bouillir dans un tube du molybdate d'ammonium et y verser goutte à goutte de la liq. 3. Il se forme un *précipité jaune.* — **Acide Phosphorique**

Placer dans un tube un peu de bioxyde de manganèse pulvérisé, l'additionner d'acide acétique et porter aux environs de 100°, constater qu'il ne se dégage pas de gaz et y verser un peu de la liq. 3. *Il se dégage un gaz troublant l'eau de baryte.* — **Acide Oxalique**

A une petite portion de liq. 3 ajouter de l'azotate de baryum et faire bouillir. Précipité. (Le faire bouillir avec une solution de CO^3K^2 et évaporer la liqueur filtrée à sec en présence de HCl. Reprendre par H^2O. (La liqueur *précipite* par $BaCl^2$. — **Acide Sulfurique** / On obtient un *résidu insoluble* dans les acides. — **Acide Silicique**

Une petite portion de liq. 3 est additionnée de KOH et portée à l'ébulition ; il se dégage AzH^3 *reconnaissable à son odeur* et à ce qu'il *bleuit* le tournesol rouge. — **Ammonium**

Une petite portion de liq. 3 est évaporée et calcinée avec du chlorate de potassium et de la potasse caustique. Il se forme un *manganate vert.* — **Manganèse**

Une petite portion de liq. 3 est traitée pas le sulfocyanate de K. *Coloration rouge* .... — **Fer au maximum**

Une autre portion est additionnée de ferricyanure de potassium. *Précipité bleu* .... — **Fer au minimum**

On constate les *deux réactions* à la fois............................. | **Fer au max. et au min.**

Il est avantageux de rechercher maintenant quelques *acides* dont la présence ou l'absence modifieront la marche à suivre ultérieurement.

Nous rechercherons aussi quelques *métaux*.

Pour ces recherches nous abandonnons la méthode de *séparation* et nous agissons *directement* en prélevant à chaque fois une petite portion de la liqueur 3 ; on aura soin d'en mettre de côté la moitié environ pour les opérations des tableaux qui suivent.

La recherche de *l'acide cyanhydrique* doit se faire sur la liqueur 3 non débarrassée de l'excès d'hydrogène sulfuré, l'ébullition ayant pour effet de chasser tout ou partie de cet acide qui se trouverait entraîné par la vapeur d'eau.

L'addition de *sulfhydrate d'ammonium* pour la recherche de *CAzH* peut donner lieu à la formation d'un précipité si la liqueur 3 renferme des métaux à sulfure insoluble, il faut alors verser en excès du réactif et filtrer de façon à se débarrasser de ces *sulfures*.

Pour la recherche de *l'acide oxalique* il est nécessaire de constater que le *bioxyde de manganèse* employé ne contient pas de *carbonate* qui donnerait un dégagement de CO_2 et pourrait faire croire à la présence de l'acide oxalique alors même qu'il n'existe pas.

Dans la recherche de *l'ammoniaque* il importe que le *papier de tournesol rouge* avec lequel on constate le dégagement du gaz alcalin ne contienne pas trop d'acide parce qu'alors le changement de couleur ne se ferait plus facilement. Il faut prendre du *papier bleu de tournesol* et le maintenir quelque temps humide sur le flacon ouvert *d'acide acétique* sans le plonger dans l'acide.

ANALYLE DES SELS

1re SÉRIE

TABLEAU N° 3. — Recherche de Ba, St

Liqueur 3

—

L'additionner d'un excès d'acide sulfurique au 1/10e et porter à l'ébullition.

Précipité 3

—

Le laver, le faire bouillir avec une solution de $CO^3 K^2$, filtrer, laver le résidu et le dissoudre dans HCl dilué.

Solution : Liqueur 4

Solution

—

L'additionner d'acétate de potassium en excès et y verser du chromate d'ammonium, porter à l'ébulition. *Précipite.* } **Baryum**

Si l'on n'a pas obtenu de précipité dans l'opération précédente *conclure à la présence de strontium ;* si l'on a obtenu un précipité le laver rapidement à l'eau, puis le traiter sur le filtre par de l'acide acétique dilué et bouillant. La solution qui filtre additionnée de sulfate de calcium se *trouble à l'ébulition.* } **Strontium**

2e TABLEAU *intercalaire*. — Recherche de BO^3H^3 et des Acides organiques

Une petite portion de liq. 4 est évaporée à sec, une partie du résidu estportée sur le fil de platine trempé dans l'acide sulfurique concentré et le tout est placé dans la flamme du bec Bunsen. *Coloration verte.* } **Acide borique**

Le résidu *noircit par la calcination* .... } **Acides organ.**

Le *tableau N° 3* comprend les métaux dont les sulfates sont insolubles en liqueur étendue.

Le *baryum* colore la flamme en vert, le *strontium* en rouge. Cette coloration de la flamme doit être recherchée non sur le précipité de *sulfate*, mais sur la dissolution *chlorhydrique des carbonates*.

Le baryum donne un précipité de chromate en liqueur ne renfermant pas d'acide chlorhydrique ou d'acide chromique libre, c'est pour cela qu'il faut ajouter un excès d'acétate de potassium. Ce précipité entraîne toujours avec lui un peu de strontium, c'est afin de la retrouver qu'on traite ce précipité par l'acide acétique dilué et bouillant.

La recherche de l'*acide borique* peut encore se faire en additionnant le résidu de l'évaporation de la liqueur 3 d'acide sulfurique et d'alcool et en l'enflammant, la flamme de l'alcool est verte.   (3)

ANALYSE DES SELS

1ʳᵉ SÉRIE

3ᵉ Tableau *intercalaire*. — Épuration de la Liqueur 4

La liqueur 4 est évaporée à sec et calcinée en présence de H Cl. On reprend le résidu par un peu d'acide azotique, et l'on étend d'eau. Filtrer. **} Élimination des acides organiques, silicique et oxalique**

La liqueur provenant de l'opération précédente (cette opération doit toujours être effectuée dans le cas de la présence de PO^4H^4 même en l'absence des acides organiques silicique et oxalique) est additionnée de quelques cristaux d'azotate de bismuth et portée à l'ébullition pendant q.q. minutes. Filtrer, faire passer un courant de H^2S pour chasser l'excès de Bi, porter à l'ébullition pour chasser H^2S, filtrer **} Élimination de l'acide phosphorique**

La présence des *acides phosphorique, oxalique, silicique et organiques* étant gênante pour les essais ultérieurs, il est nécessaire, si l'on a constaté la présence d'un ou de plusieurs de ces acides d'en épurer la liqueur 4.

Les acides organiques, silicique, oxalique, s'éliminent par la calcination.

L'acide phosphorique s'élimine à l'état de *phosphate de bismuth* en faisant bouillir la liqueur avec de l'azotate de bismuth ; l'excès de ce métal est chassé par H^2S, il sera bon de constater à l'aide du molybdate d'ammonium que l'on a bien éliminé la totalité de l'acide phosphorique.

L'élimination de l'acide phosphorique doit, dans tous les cas, être précédée d'une calcination pour chasser les sels ammoniacaux et les acides en excès qui empêcheraient la précipitation complète du phosphate de bismuth.

ANALYSE DES SELS

1ʳᵉ SÉRIE

TABLEAU Nº 4. — Recherche de Al, Cr

Liqueur 4 épurée

L'additionner d'un peu d'acide azotique. La porter à l'ébullition et y verser du chlorydrate d'ammoniaque et un grand excès d'ammoniaque.

Précipité 4

Le laver et le traiter sur le filtre par une solution de potasse bouillante ou mieux le recueillir et le faire bouillir avec un excès de potasse.

Solution : Liqueur 5

Solution

L'additionner d'un excès de AzH^4Cl et la porter à l'ébullition. *Précipité blanc.* } **Aluminium**

Résidu

Le fondre avec un mélange de ClO^3K et potasse, reprendre par l'eau, aciduler par l'acide acétique, ajouter un sel de plomb. *Précipité jaune.* } **Chrôme**

Malgré la présence d'un *précipité 4*, il peut arriver que l'on ne constate la présence ni de *l'aluminium* ni du *chrôme* ; cela n'a rien d'anormal, le précipité peut être formé *d'oxyde ferrique* que l'on n'a pas à rechercher, ou bien de borates peu solubles dans l'ammoniaque, ou encore de phosphates et d'oxalates si l'on n'a pas éliminé la totalité de PO^4H^3 et de $C^2O^4H^2$. Ne pas s'en occuper, mais avoir soin de bien caractériser *Al* et *Cr* comme il est indiqué.

La potasse employée contient souvent des traces d'alumine, il importe de l'essayer d'avance et de ne conclure à la présence de Al dans la liqueur à analyser que si le précipité d'alumine qu'elle fournit est notablement supérieur à celui qui s'est produit dans l'essai du réactif:

ANALYSE DES SELS

1ʳᵉ SÉRIE

Tableau N° 5. — Recherche de Zn, CO, Ni

Liqueur 5

La traiter par un excès de sulfhydrate d'ammoniaque et chauffer.

Précipité 5

Le laver et le traiter par H Cl au 1/10ᵉ, chauffer jusqu'à plus de dégagement de H² S.

Solution — La traiter par KOH à l'ébullition, filtrer s'il se forme un précipité, aciduler la liqueur filtrée par l'acide acétique verser (Az H³) ²S. *Précipité blanc.* — **Zinc**

Résidu Noir — Fondre une partie dans une perle de borax. *Perle bleue.* — **Cobalt**

La liqueur filtrée séparée du précipité 5 était *colorée en brun.* — **Nickel**

Solution. — Si elle est noire à cause de Ni S dissous le précipiter par un petit excès de H Cl et filtrer. On obtient alors la **Liqueur 6.**

Le *tableau* N° 5 comprend les métaux dont les sulfures sont insolubles et qui n'ont pas encore été séparés.

La perle de borax s'obtient de la façon suivante : Recourber en boucle l'extrémité d'un fil de platine, la porter au rouge dans la flamme du Bunsen, et la plonger dans le borax pulvérisé ; en la chauffant à nouveau, le sel fond et vient se rassembler dans la boucle en donnant une perle incolore ; il suffira de la toucher avec une faible partie du précipité de sulfure pour qu'en la reportant dans la flamme, et laissant refroidir, on puisse constater dans le cas de la présence du cobalt la coloration bleue de la perle. Il est utile de ne point enlever une trop grande quantité de sulfure parce qu'alors la coloration bleue deviendrait trop foncée pour être bien visible.

ANALYSE DES SELS

1re SÉRIE

Tableau N° 6. — Recherche de Ca

Liqueur 6

Y verser de l'oxalate d'ammonium et chauffer doucement.

Précipité 6.............. Calcium

Solution : Liqueur 7.

Tableau N° 7. — Recherche de Mg, K, Li, Na

Liqueur 7

A une petite portion ajouter de l'ammoniaque et du phosphate de sodium etagiter. *Précipité cristallin.* — Magnésium

Evaporer une autre partie de liq. 7 et calciner pour chasser les sels ammoniacaux, reprendre par une très petite quantité d'eau et verser le réactif H.P.B. *Précipité blanc.* — Potassium

Filtrer et si l'on a constaté la présence de Mg, l'éliminer par l'eau de baryte, filtrer, chasser l'excès de Ba par le carbonate d'ammonium, filtrer à nouveau, calciner pour chasser le sel ammoniacal et reprendre le résidu par une petite quantité d'eau, diviser la solution en deux parties ; une première partie, additionnée de soude et de phosphate de sodium précipite après ébullition. Vérifier la flamme rouge. — Lithium

L'autre portion traitée par le pyroantimoniate acide de potassium donne un précipité. — Sodium

Le *tableau N° 6* ne comprend que le *calcium*, on le précipite soit par le *carbonate d'ammonium*, soit par l'*oxalate d'ammonium*.

Le *tableau N° 7* comprend les quatre métaux qui restent à déterminer.

Le réactif H.P.B. ne précipitant pas les sels de *magnésium* il est inutile de s'en débarrasser complètement pour chercher le *potassium*. On peut opérer soit sur la liqueur 7, soit sur le résultat de la filtration après addition de phosphate de sodium.

Le *lithium* se rencontre rarement, la coloration rouge de la flamme est caractéristique.

Le *sodium* est caractérisé par la flamme ou par le *pyroantimoniate de potassium*, réactif peu certain.

Si l'on n'a pas à sa disposition de réactif H.P.B. on pourra rechercher le potassium par l'acide picrique, mais il sera alors nécessaire d'éliminer au préalable le magnésium par l'eau de baryte et de chasser les sels ammoniacaux. (4)

CHAPITRE IV

2ᵈ Série

1ᵉʳ Cas. — *Le produit est dissous.* — Il constitue alors la liqueur primitive avec laquelle on commence les opérations de la 2ᵉ série.

2ᵉ Cas. — *Le produit est solide.* — On opère avec ce produit comme avec la liqueur primitive sans s'occuper de le dissoudre, mais en le délayant à chaque fois dans une petite quantité d'eau.

ANALYSE DES SELS

2ᵉ SÉRIE

Tableau *unique*. — Recherche de AzO^3H, HF, $FeCy^6H^4$, $Fe^2Cy^{12}H^6$, CO^2, H^2S, SO^2, $S^2O^3H^2$, CO^2H^2, $C^4O^2H^4$

A une petite quantité de P.P. ajouter SO^4H^2 concentré, porter à l'ébullition et la prolonger tant qu'il peut se dégager des vapeurs colorées, ajouter de la tournure de cuivre et chauffer. *Vapeurs rouges.*			Ac. Azotique
Traiter une petite quantité de P.P. par SO^4H^2 concentré. Il se dégage des vapeurs corrodant le verre.			Ac. Fluorhydrique
A une petite quantité de P.P. ajouter du chlorure ferrique. *Précipité bleu..*			Ac. Ferrocyanhydrique
A une petite quantité de P.P. ajouter un sel ferreux. *Précipité bleu.........*			Ac. Ferricyanhydrique
Placer dans un tube une certaine quantité de P.P., ajouter un léger excès de SO^4H^2 étendu et chauffer légèrement.	Il se dégage CO^2 *troublant* l'eau de baryte...............		Ac. Carbonique
	Il se dégage H^2S *noircissant* le papier à *l'acétate de plomb.*		Ac. Sulfhydrique
	Il se dégage SO^2 reconnaissable à son odeur et à ce qu'il décolore l'iode.	Il se forme en même temps un *précipité de soufre.*	Ac. Hyposulfureux
		A une petite quantité de P.P. ajouter SO^4H^2 dilué ou de l'acide acétique mais de façon à éviter la formation d'un précipité de soufre puis verser du chlorure de baryum, *il se dégage SO^2 qui décolore le papier iodé.*	Ac. Sulfureux
	Distiller la moitié du liq. et recevoir les vapeurs dans un tube contenant de l'eau.	Neutraliser une partie par KOH et faire bouillir avec de l'azotate d'argent. *Précipité noir,* une autre partie bouillie avec SO^4H^2 + alcool dégage *l'odeur du rhum.*	Ac. Formique
		Une autre partie chauffée avec SO^4H^2 + alcool dégage *l'odeur de pommes,* saturée par KOH et évaporée puis calcinée avec de l'acide arsénieux, il se dégage *l'odeur du cacodyle.*	Ac. Acétique

Pour la recherche de l'*acide azotique*, en traitant le produit primitif par SO_4H^2 il peut se dégager des vapeurs de *brome*, *d'iode*, du *chlore*, des *vapeurs rutilantes*, laisser le dégagement s'opérer avant d'ajouter le *cuivre*, et constater alors la production immédiate des vapeurs nitreuses.

Nous désignons par P.P. le produit primitif à analyser qui peut être liquide ou solide.

CHAPITRE V

3ᵉ Série

1ᵉʳ Cas. — *Le produit est dissous.* — Il constitue la liqueur primitive et c'est avec lui qu'on commence les essais de la 3ᵉ série.

2ᵉ Cas. — *Le produit est solide.* — Le traiter par l'eau acidulée légèrement d'acide azotique, filtrer et ne pas s'occuper du résidu s'il y en a un.

ANALYSE DES SELS

9ᵉ SÉRIE

Tableau *unique*. — Recherche de HCl, HBr, HI, ClO³H

		Solution	
A une portion de *L.P.* acidu-lée si besoin est, d'ac. azotique, ajouter un excès d'azotate d'ar-gent.	*Précipité* Le laver, le placer en sus-pension dans l'eau et traiter par H²S. Filtrer.	En additionner une portion de SO⁴ H² et permanganate de K et faire bouillir ; il se dégage un *gaz colorant le réactif de Villiers*.	**Ac. Chlorhydrique**
		A une autre partie ajouter du chlorure ferrique et porter à l'ébullition, il se dégage de *l'iode bleuissant l'amidon*.	**Ac. Iodhydrique**
		Le liquide de l'opération précédente chauffé jusqu'à ce qu'il ne dégage plus d'iode est additionné d'eau de chlore et de sulfure de carbone et agité. Le sulfure de carbone *se colore en brun*.	**Ac. Bromhydrique**
	Solution	La traiter par un excès de CO³ Na², filtrer, évaporer, calciner, reprendre par l'eau, neutraliser par AzⁿH et ajouter AzO³Ag. Il se forme un *précipité blanc*.	**Ac. Chlorique**

Le précipité formé par l'addition d'azotate d'argent peut renfermer autre chose que des *chlorure, bromure, iodure d'argent*, il est donc bien nécessaire de caractériser chacun des acides correspondants, et l'on ne devra pas s'étonner de n'en trouver aucun, malgré que l'on ait obtenu un précipité. (5)

CHAPITRE VI

4° Série

1er Cas. — *Le produit est dissous.* — Il constitue la liqueur primitive.

2° Cas. — *Le produit est solide.* — Le traiter par l'eau et filtrer. Ne pas s'occuper du résidu.

ANALYSE DES SELS

4ᵉ SÉRIE

Tableau *unique*. — Recherche de SbO_3H^2, SbO_4H^3, AsO_3H^3, AsO_4H^3, CrO_4H^2, MnO_4H^2, MnO_4H

A une portion de la liqueur primitive ajouter un excès de $CO^3 Na^2$, filtrer, aciduler par $AzO^3 H$ et faire bouillir. Faire passer un courant de H^2S.	*Précipité*	Le traiter comme au tableau 2 A, série I pour y rechercher la présence de.........	**Arsenic, Antimoine ou Étain**
	Solution	*Solution*. — La traiter par le sulfhydrate d'ammoniaque. *Précipité couleur chair.*	**Acide Manganique ou Permanganique**
	Chasser $H^2 S$ par ébullition, ajouter de l'ammoniaque.	*Précipité vert*...........................	**Acide Chromique**

.. La *quatrième série* comprend la recherche des acides formés par les métaux ou leurs analogues, et que l'on a déjà caractérisés dans la 1re série, il est évidemment inutile de les chercher si l'analyse précédente en a démontré l'absence.

CHAPITRE VII

5ᵉ Série

Résidu insoluble dans l'eau régale. — Employer le résidu obtenu au début de la 1ʳᵉ série ou s'il n'est pas suffisant, traiter une nouvelle quantité de produit à analyser par l'eau régale, filtrer et laver avec soin la partie non dissoute.

ANALYSE DES SELS

5ᵉ SÉRIE

Tableau *unique*. — Recherche de Ag. Pb, Ba, St, HCl HI HBr, SO^4H^2, SiO^3H^2

Additionner RI de CO^3K^2 et CO^3Na^2 dans une capsule de porcelaine avec un peu d'eau, faire bouillir puis calciner, reprendre par l'eau bouillante

Solution
— L'aciduler par AzO^5H jusqu'à plus de CO_2 et aj. $(AzO^5)^2Ba$.

- *Précipité* { Y rechercher comme au 1ᵉʳ tableau intercalaire... } **SO^4H^2 et SiO_3H^2**
- *Solution* { En traiter une partie pour y rechercher........ } **HCl**
  { Traiter une autre partie pour y rechercher .... } **HI et H Br**
- *Précipité*. — Y rechercher comme au tableau 1, série I..................... } **Ag et Pb**

Résidu
— Le laver et le dissoudre dans l'eau additionnée de AzO^5H et traiter la solution obtenue par HCl à froid.

Solution
— La traiter par $(AzH^4)^2S$, filtrer et ajouter du carbonate d'ammonium.

Précipité
— Y rechercher comme au tableau 3, 1ʳᵉ série. } **Ba et St**

Nous désignons par *R.I.* le résidu insoluble dans l'eau régale et dont l'analyse ressort à la 5ᵉ *série* ; il est possible que ce résidu soit formé de soufre ou de charbon ; il sera facile de le constater par la combustion sur une lame de platine.

Dans le cas où l'on aurait caractérisé l'acide chlorhydrique dans le résidu insoluble, il est nécessaire de s'assurer qu'il existait bien dans le produit primitif et qu'il ne provient pas de l'eau régale ; pour cela on recommence la recherche de cet acide mais en employant le résidu insoluble provenant de l'action de l'acide azotique *seul* sur le produit primitif.

Dans le cas de la présence de l'acide iodhydrique dans le produit primitif, il pourra arriver que l'action de l'eau régale sur ce produit ait pour effet de chasser l'iode, qu'on risquerait alors de ne pas retrouver s'il est à l'état d'iodure insoluble ; on en sera toujours averti par le dégagement de vapeurs violettes qui se sera produit pendant le traitement à l'eau régale.